插枝與分株

目 錄

插枝 分株

●插枝 · 分株的基本專用道具●

用品 · 甲目

1 園藝專用剪刀

U0080659

依植物大小及造型而定

4 土劍
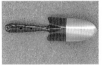

5 噴水器

6 窗紗

遮光率30-50％為基準

7 培養土種類

赤玉土（小顆粒）　　鹿沼土　　　　蛭石

赤玉土（中顆粒）　　川砂　　　　　泥炭土

赤玉土（大顆粒）　　珍珠岩　　　　插枝專用培養土

插枝專用道具

8 插枝台

9 免洗筷

10 水杯

11 發根生長劑

12 防蟲網

分株專用道具

13 專用鉗子

挖根鬆土之用

有趣的插枝與分株

插枝的基本常識

插枝是人工植物繁殖中最常用的方法之一。插枝的好處就在於讓植物跳過播種、發芽的生長程序，利用成熟的枝葉，讓植物直接就進入開花結果的繁殖步驟。其實插枝的方法非常簡單，只要按照步驟進行，就可以插出一株株健康的植物喔！

1 選購容器

選購6號以上的塑膠花盆、陶製花盆，或是市售的插枝台等也可以。

2 底部放入中顆粒赤玉土

放入排水良好的中顆粒赤玉土。

3 放入培養土

培養土會因插枝植物的不同而不同，原則上要採用無菌、排水保濕良好的土。

4 製作插穗

要選擇健康的嫩枝。

＊插穗切口＊
為了讓各位容易辨識插穗切口，所以採用粗枝來加以說明。

斜切口　　　反切口　　　楔形切口　　　平切口

5 插穗的澆水・乾燥

吸收水分

使其乾燥

剛取下來的插穗，先浸泡在水裡充分吸收水分，若屬多肉質植物的話，則相反地，需讓切口乾燥。

6 塗抹發根劑

發根劑可分有塗抹在切口處的粉末狀發根劑，以及將切口浸泡半天左右的液體發根劑。

粉末狀發根生長劑

液狀發根生長劑

讓培養土吸收適當水分，使土壤充分保濕。

7 澆水

8 挖洞

用免洗筷或細竹棒在土中挖洞。

9 插枝

將插穗插入培養土約1/3深，並用手指將四周輕輕壓平，以穩固插穗不易倒塌。

10 插枝後的管理

移至半日陰處等待插穗發根，並用遮光率30~50%的窗紗加以覆蓋培養。

分株的基本常識

在花卉栽培中，『分株』的特徵優點是，方法簡單又能馬上加以欣賞。而分株不僅適用於主幹上會長出枝葉的植物，同時也適用於灌叢型樹木，以及地下莖大的草花等。

1 從花盆取出植物

以不傷害葉枝為原則，單手輕輕地壓住根部，花盆傾斜，連土一起拔出。

2 清除土塊整理根部

用免洗筷輕輕的清除根部土塊，注意不要弄傷根部。

3 進行分株

用利刃或雙手，輕輕的剝開分離根部。

4 從花盆取出植物

培養土依植物種類不同而不同，不過若為庭院栽植時，基本上要與原株相同的栽植環境，至於盆栽時則要以大致相同為目標。

 …赤玉土(中顆粒)

 …赤玉土(小顆粒)

 …腐葉土

 …珍珠岩

 …蛭石

●常綠樹

赤玉土(小顆粒)…7　腐葉土…3
底部中顆粒赤玉土

●落葉樹

赤玉土(小顆粒)…6　腐葉土…4
底部中顆粒赤玉土

●觀葉植物(鐵線蕨)的例子

赤玉土(小顆粒)…3　腐葉土…3
珍珠岩…2
蛭石…2

●草花(中斑吊蘭)的例子

赤玉土(小顆粒)…5　腐葉土…3
珍珠岩…2　底部為中顆粒赤玉土

5 栽種

趁苗木尚未乾燥變軟之前，儘早植入新土中。

6 分株後的管理

植栽後，充分澆水，置於半日陰處直至長出根來。

可插枝的草花 **天竺葵**

風露草科　非抗寒性多年草草本植物。原產地為南非，莖為多肉質矮灌木，草高20～50cm。葉色和花色變種很多，一般被當作觀葉植物或盆花。

天竺葵的插枝時節

1	2	3	4	5	6	7	8	9	10	11	12

■ 花期　　■ 插枝　　■ 移植

3 插穗的作法（1）

切下8~10cm的嫩枝。如果直接插枝的話，枝葉會腐爛，所以要先放在陰涼處，讓切口乾燥後，再行插枝。

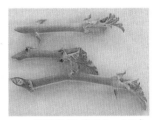

4 插穗的作法（2）

上半部的葉子可保留3~4片，下葉全部摘除並保留5~7cm的插穗就可以了。

1 準備插枝床（1）

赤玉土（小顆粒）6、蛭石4的混拌土，排水性佳、保濕力強。

2 準備插枝床（2）

為了插枝床底部能充分排水，底部放入適量的赤玉土（中顆粒），上面再放上混拌土。

5 插枝床澆水

水分要充分澆透，靜置一會兒，讓水分充分瀝乾，這樣就容易插枝了。

6 挖插枝洞

確認插枝的位置之後，用免洗筷等細棒子的尖端，插入土中挖洞，如此一來插穗不會受傷，也比較容易插枝。

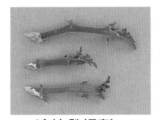

7 塗抹發根劑

在切口處抹上發根劑，即使只抹一點點，也能提高發根率。

8 插枝

將插穗插入洞裡約1/3cm的深度。如果重複插枝動作，則會讓切口處受到損傷。

摘芯　讓花朵長得大又濃密

天竺葵有一種特質，那就是只要摘芯，就會長出側枝，所以在天竺葵的生長過程中，需反覆地進行摘芯。如果覺得莖部枝葉長得過長時，就必須加以修剪，如此才能促進新芽長出，便能擁有莖數多、花苞多的天竺葵。隨著天竺葵的成長，就要更換大一點的花盆，保持其叢生茂密之姿。

初春時購買花苗在花盆中開始栽種，是最簡單又最不會失敗的方法。天竺葵性喜日照和乾燥通風良好的地方，討厭多濕的地方。在雨量多且潮濕的環境下並不適合栽種，且會造成花朵損傷，破壞了原有的觀賞價值，所以最好以盆栽方式，放置於陽台或日照充足的走廊下栽培，花期為春～初夏，可長達3～4個月之久（台灣12～5月）。

9 輕壓插穗四周的土

用手輕壓插穗四周的土，讓插穗和土緊密結合，用以穩住插穗避免倒塌。

10 充分澆水

插枝作業完成後，要充分澆水，水的力道不可太強，否則插穗會不穩甚至倒塌。

11 發根前的管理

澆完水之後，必須移至半日陰無風的地方，要注意土質不可過乾或過濕。

12 發根後的管理

大約15~20天之後，從切口部份便會長出新根，發根後必須移至陽光充足的地方，避免放置在風口處。

13 移植的準備工作

25~30天後，就可進行移植作業。在3號花盆底部放入粗顆粒紅土，然後再加入過篩的赤玉土（小顆粒）7、腐葉土3的混拌土。

因為根部還很脆弱，所以要小心地挖！

14 從插枝床挖起苗木

發根初期的幼根還是很脆弱的，所以為了不使幼根受傷，挖掘時要以小竹板等，小心翼翼地挖起苗木

讓根部充分伸展

培養土的2/3用量

15 移植作業

花盆中倒入2/3的培養土，而後花盆中央插入插穗，再將剩餘的培養土小心地填補進去，將插穗的下部埋起來。

充分澆水

16 移植後的管理

移植作業完成之後，要充分地澆水，等存活率穩定時，在移至半日陰的地方，7~10天之後，再以稀釋1000倍的肥料液進行施肥。

秋海棠

秋海棠的插枝時節

1	2	3	4	5	6	7	8	9	10	11	12

■ 花期　　■ 插枝　　■ 移植

秋海棠科　一年草或宿根草。秋海棠的原種約2千種，大多數是園藝品種。球根秋海棠甚至只要用葉子插枝就能繁殖。

1 準備插枝床（1）

培養土為赤玉土(小顆粒)6、蛭石4的混拌土，請事先將赤玉土過篩，以去除微塵粉粒。

2 準備插枝床（2）

插枝床底部放入赤玉土（中顆粒），再加入混拌土，在進行插枝作業之前，先澆入適量的水，好讓土壤穩定不鬆散亂飛。

3 插穗的作法（1）

選擇已經生長30天以上的健康成熟葉片數片。

4 插穗的作法（2）

因會從葉脈長出根來，所以要確認插穗有葉脈，因此要從葉脈的分歧點一直切至支脈中心處。

5 塗上發根劑

利用發根劑，即使是發根率低的插穗，也能提高發根率，而重點是要在插穗切口處充分塗抹發根劑。

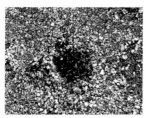

6 挖插枝洞

確認插枝位置後，再用筷子小心翼翼的斜插挖洞，這樣一來，插穗在插枝時就不容易受傷。

7 插枝

將葉片下部約1/3的部分，以斜插的方式小心翼翼地，斜插入挖好的洞。

插枝時期

秋海棠的發根適溫是15～20℃，而最為理想的插枝時期是4月下旬～6月下旬和9月上旬～10月上旬，一年有2次插枝期，秋海棠的種類繁多的，插枝方法共分別有芽插以及管插兩種。所謂天芽插、節間插枝，就是上半部的葉子可保留3～4片，而下半部葉子則全部拔除，插口斜切和葉插枝的要領相同。

球根秋海棠為根莖性秋海棠，莖部會延伸至地面，然後再從地面自行分枝。葉片呈大心形，可以葉插枝方式進行繁殖，因喜歡半日陰，所以春～秋季必須遮光50%，冬季則放置在室內窗邊進行日光浴，繁殖適溫為15～25℃。

8 充分澆水

插枝作業完成後，要充分地澆水，澆水時，如果水柱太強，插枝葉就會移動，所以要特別注意。

9 發根前的管理

要置於無風的半日陰場所，以窗紗遮光時，要使用遮光率30~50%的窗紗。

10 發根後的管理

大約10天後發根，為了讓斜插的插枝葉受光，所以要放置在陽光充足的地方。

11 移植準備工作（1）

大約20天之後，便會開始長出新芽，當長出兩片新葉時，就可進行移植，所以請先在3號花盆內放入中顆粒的赤玉土。

12 移植準備工作（2）

以赤玉土(小顆粒)4、蛭石3、泥炭土3的混拌土為培養土，覆蓋在赤玉土(中顆粒)上。

注意根部不要受到損傷

13 從插枝床中挖起

發根初期的幼根還是很脆弱的，所以為了不使幼根受傷，挖掘時要以小竹板等，小心翼翼地挖起苗木。

讓根部充分伸展

14 移植作業

將新芽直立於花盆中央，根部要充分伸展，再利用培養土來固定插穗。

充分澆水

15 移植後的管理

移植作業完成之後，充分澆水，等存活率穩定時，再移至無風且半日陰的地方。

石竹科，半抗寒性多年生草本植物。從古希臘時代開始，就被當做觀賞性花卉，所以其擁有悠久歷史，至於花色和花形，現今已有許多的改良品種。

康乃馨的的插枝時節

1	2	3	4	5	6	7	8	9	10	11	12

■ 花期　　■ 插枝　　■ 移植

1 準備插枝床（1）

培養土為赤玉土（小顆粒）6、蛭石4比例的混拌土。請事先將赤玉土過篩，以去除微塵粉粒。

2 準備插枝床（2）

插枝床底部放入赤玉土（中顆粒），再加入混拌土，在進行插枝作業之前，先澆入適量的水，好讓土壤穩定不鬆散亂飛。

3 插穗的作法

要在早上時，剪取健壯的葉莖，剪取時要保留2~3片上葉，而下葉則全部摘除。此外，5-7月以及9月為最佳插枝時節。

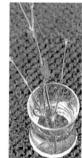

4 供給插穗水分

將剪取的枝葉放入水杯中浸泡30分鐘至1小時。之後，在進行插枝作業前，再將插穗斜切成5~7cm即可。

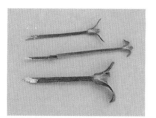

5 塗上發根劑

利用發根劑，即使是發根率低的插穗，也能提高發根率，而重點是要在插穗切口處充分塗抹發根劑。

6 挖插枝洞

確認插枝位置後，再用筷子小心翼翼的挖洞，這樣一來，插穗在插枝時就不容易受傷。

7 插枝

將插穗的1/3部分，確實地插入挖好的洞中，而且要注意最好一次就完成。

8 插枝後的管理

插枝作業完成後，充分澆水，一直到發根前，請放置在半日陰處，等發根後再移至陽光充足的地方。

移植注意事項　插枝後的20～30天，要將苗木移植至2～3號的花盆，因發根初期的幼根非常脆弱，所以要用小竹板等小心翼翼地挖起苗木，培養土為赤玉土（小顆粒）6、腐葉土4比例的混拌土，盆底要先放入適量的赤玉土（中顆粒），然後再填補培養土，移植後直到存活率穩定前，都要放置在半日陰處，不過因康乃馨性喜日照，所以日後還是要移至日照充足的地方。

牽牛花

旋花科　一年生草本或半抗寒性多年生草本。開花期從春季到秋季，花期很長，花色豐富，一般被視為是夏季花卉，現今的園藝品種有數百種。

牽牛花的插枝時節

1	2	3	4	5	6	7	8	9	10	11	12

■ 花期　■ 插枝　■ 移植

1 準備插枝床（1）

培養土為赤玉土（小顆粒）6、蛭石4比例的混拌土。請事先將赤玉土過篩，以去除微塵粉粒。

2 準備插枝床（2）

插枝床底部放入赤玉土（中顆粒），再加入混拌土，在進行插枝作業之前，先澆入適量的水，好讓土壤穩定不鬆散亂飛。

3 插穗的作法

要在早上時，剪取健壯的草莖，剪取時要保留2~3片上葉，而下葉則全部摘除。此外，7~9月為最佳插枝時節。

4 供給插穗水分

將剪取的草莖放入水杯中浸泡30分鐘~1小時。在進行插枝作業之前，再於下部的節部以下處，斜切成5~7cm的插穗。

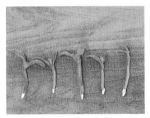

5 塗上發根劑

為了提高發根率可使用發根劑，重點是要在插穗切口處充分塗抹發根劑。

6 挖插枝洞

確認插枝位置後，再用筷子小心翼翼的挖洞，這樣一來，插穗在插枝時就不容易受傷且容易插枝。

7 準備插枝

將插穗的1/3部分，確實地插入挖好的洞中，而後再用指尖輕壓四周的培養土，以固定插穗。

8 插枝後的管理

插枝作業完成後，充分澆水，一直到發根前，請放置在半日陰處，等發根後再移至陽光充足的地方。

移植注意事項　插枝後約1個月，要將苗木移植到2.5～3號的花盆，因發根初期的幼根非常脆弱，所以要用小竹板等小心翼翼地挖起苗木，以免右根受損，培養土為赤玉土（小顆粒）7、腐葉土3比例的混拌土，盆底要先放入適量的赤玉土（中顆粒），然後再填補培養土，移植後要充分澆水並置於半日陰處，當確定存活時再移至日照充足的地方。

可插枝的草花 松葉菊

番杏科　半抗寒性多年生草本植物。細長多肉的枝葉會匍匐佈滿在地上，從初夏開始會開出一朵朵酷似菊花的美麗花朵，松葉菊的最大特徵就是白天開花，晚上花朵就閉合起來。

松葉菊的插枝時節

1	2	3	4	5	6	7	8	9	10	11	12
				花期	花期	花期	花期	插枝	插枝		

■ 花期　■ 插枝

1 準備插枝床（1）

為赤玉土(小顆粒)7、蛭石3比例的混拌土，且直接插枝入3號花盆。

2 準備插枝床（2）

插枝床底部放入赤玉土（中顆粒），再加入混拌土，在進行插枝作業之前，先澆入適量的水，好讓土壤穩定不鬆散亂飛。

3 插穗的作法

剪取健康飽滿的莖部頂端往下約5~7cm處，並去除插枝部分的下葉，由於松葉菊屬多肉植物，所以不要泡水，此外，9~10月為最佳的插枝時節。

4 挖插枝洞

確認插枝位置後，再用竹筷挖洞，這樣一來，插穗在插枝時就不容易受傷，也比較容易插入。

5 插枝（1）

將插穗的1/3部分，確實地插入挖好的洞中，而後再用指尖輕壓四周的培養土，以固定插穗。

6 插枝（2）

3號花盆以3~4枝的插枝量最為適當，而顧及到其以後的生長空間，插枝時要加以間隔，並且是要能平均向外伸展的位置。

7 插枝後的管理

插枝作業完成後，充分澆水，一直到發根前，請放置在半日陰處，等發根後再移至陽光充足的地方。

8 施肥

當長出新芽時，可以1000倍稀釋的肥料液進行多次施肥。

平日栽培要領　多肉質植物近似草花，所以喜歡乾燥和日照，討厭過濕和日照不足的地方，因此在澆水方面，當表面土壤乾燥後的2~3天澆水就已足夠了。此外，松葉菊非常敏感，雖然是白天但若為陰天，其花朵也會閉合，所以一定要放置在陽光充足的地方，不過松葉菊也具優異的抗寒性，所以只要不結凍就能安然過冬。

可插枝的香草植物

薄荷類

唇形科　多年生草本。只要一說到清涼感的香草植物，任誰都會想到薄荷，世界各國的人們用它來泡花草茶、做料理以及加工製成香料等，用途可說是非常地廣泛。

薄荷類的插枝時節

| 1 | 2 | 3 | 4 | 5 | 6 | 7 | 8 | 9 | 10 | 11 | 12 |

▬ 花期　　▬ 插枝　　▬ 移植

1 準備插枝床

培養土為赤玉土(小顆粒)6、蛭石4的混拌土。插枝床底部放入赤玉土(中顆粒)，進行插枝作業前，先澆入適量的水，好讓土壤穩定不鬆散亂飛。

2 插穗的作法

剪取從莖尖算起10㎝左右的健康葉莖，並保留3~4片上葉，下葉部分則全部摘除，此外4~5月以及9~10月為最佳插枝時節。

3 供給插穗水分

將剪取的插穗放入水杯中浸泡30分鐘~1小時，在進行插枝作業前，再將斜切成5~7㎝的插穗。

4 塗抹發根劑

薄荷類的發根率很高，所以不塗發根劑也沒關係，塗抹時可利用市售的發根劑。

5 挖插枝洞

確認插枝位置後，再用筷子小心翼翼的挖洞，這樣一來，插穗在插枝時就不容易受傷且容易插枝。

6 插枝

將插穗的1/3部分，確實地插入挖好的洞中，而後再用指尖輕壓四周的培養土，以固定插穗。

7 插枝後的管理

插枝作業完成後，充分澆水，一直到發根前，請放置在半日陰處，等發根後再移至陽光充足的地方。

赤玉土(小顆粒)6

腐葉土4

8 移植作業

插枝後約15天就會長出幼根，如果長出了兩片真葉時，就可移植到3號盆，培養土為赤玉土(小顆粒)6、腐葉土4比例的混拌土。

輕鬆栽培法　薄荷類植物喜好富含有機質微濕的培養土，討厭強烈日照，所以最適合種植在樹蔭下等半日陰處，夏季~秋季會不間斷地開花，如果要拿來當香草使用時，可趁尚未開花前最香的時候摘取，同時最好是使用新鮮的葉片，而開花時，莖和葉子就會變得更粗壯。

可插枝的香草植物 薰衣草

唇形科　多年生草本植物。5～7月的初夏，會綻放出藍紫色小花，自古以來，其許多的功效就為人們所知，其對人們的生活助益很大。

薰衣草的插枝時節

1	2	3	4	5	6	7	8	9	10	11	12

■ 花期　■ 插枝　■ 移植

1 插穗的作法

10cm的莖尖葉保留3~4片葉，而下葉全部摘除。然後放入水杯中浸泡約1小時，在進行插枝作業前，再斜切成5~7cm。

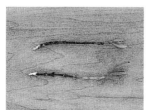

2 塗上發根劑

利用發根劑，即使是發根率低的插穗，也能提高發根率，而重點是要在插穗切口處充分塗抹發根劑。

3 挖插枝洞

培養土為赤玉土（小顆粒）6、蛭石4比例的混拌土，插枝床底部放入赤玉土（中顆粒），在進行插枝作業之前，先澆入適量的水，好讓土壤穩定不鬆散亂飛。

4 插枝

將插穗的1/3部分，確實地插入挖好的洞中，而後再用指尖輕壓四周的培養土，以固定插穗。

5 插枝後的管理

插枝作業完成後，充分澆水，一直到發根前，請放置在半日陰處，等發根後再移至陽光充足的地方。

腐葉土3
赤玉土（小顆粒）7

6 移植作業

20~30天後就可進行移植，且要以不傷害根部為原則，移植到3號盆，培養土為赤玉土（小顆粒）7、腐葉土3。

預留1/3剪斷

7 花朵收割（1）

預留1/3的長度，其他切除，而殘留下來的莖葉，還會繼續長出新芽。

要輕輕的喔！

8 花朵收割（2）

用手指輕輕的剝下乾燥的花朵，並放入乾淨的密封罐內保存。

收割與新芽的生長

薰衣草會從莖部的前端，綻放出穗狀的小花，薰衣草花香最強的時候是開花前，所以要拿來當作香草使用時，就要在這時候收割，如果收割的薰衣草花數量很多時，可加以乾燥保存，如果當作切花使用時，則要剪取花莖往下10cm處，由於薰衣草的繁殖力強，不管是剪取莖部或花朵，都會再長出新芽來。

德國甘菊

菊花科　一年生或多年生草本。德國品種為一年生草本，羅馬品種為多年生草本，花朵於初夏時綻放，會散發出如蘋果般的香味。

德國甘菊的插枝時節

| 1 | 2 | 3 | 4 | 5 | 6 | 7 | 8 | 9 | 10 | 11 | 12 |

■ 花期　■ 插枝　■ 移植

1 準備插枝床（1）

培養土為赤玉土（小顆粒）6、蛭石4的混拌土。插枝床底部放入赤玉土（中顆粒），進行插枝作業前，先澆入適量的水，好讓土壤穩定不鬆散亂飛。

2 插穗的作法

剪取沒有花芽，從莖尖葉算起10cm左右的葉莖，並保留3~4片上葉，下葉部分則全部摘除，此外，4~5月、9月為最佳插枝時節。

3 供給插穗水分

將剪取的葉莖放入水杯中浸泡30分鐘~1小時。在進行插枝作業之前，再於下部的節部以下處，斜切成5~7cm的插穗。

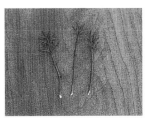

4 塗上發根劑

為了提高發根率可使用發根劑，重點是要在插穗切口處充分塗抹發根劑。

5 挖插枝洞

確認插枝位置後，再用筷子，小心翼翼的挖洞，這樣一來，插穗在插枝時就不容易受傷且容易插枝。

6 插枝

將插穗的1/3部分，確實地插入挖好的洞中，而後再用指尖輕壓四周的培養土，以固定插穗。

7 插枝後的管理

插枝作業完成後，充分澆水，一直到發根前，請放置在半日陰處，等發根後再移至陽光充足的地方。

赤玉土小顆粒7
腐葉土3

8 移植作業

20~30天後就可進行移植，且要以不傷害根部為原則，移植到3號盆，培養土為赤玉土（小顆粒）7、腐葉土3的混拌土。

花朵的收割

德國甘菊主要是以花朵為主，而花朵的收割也是有一定的時機，收割的太早或太晚，效果都會降低，由於花朵每天都會綻放，所以每天都必須進行採收，花莖上會長著花苞，不久就會綻放出白花，而3~4天後中間就會綻放出黃色花蕊，這時就是最佳的採收時機。

咖哩草

咖哩草的插枝時節

1	2	3	4	5	6	7	8	9	10	11	12

■ 花期　■ 插枝　■ 移植

菊花科　多年生草本，是花瓣與葉片都含有濃郁的咖哩香草植物植物，銀綠色的葉片有著獨特的光澤，每年6~8月會開黃色的花。

1 準備插枝床（1）

培養土為赤玉土(小顆粒)6、蛭石4的混拌土。插枝床底部放入赤玉土(中顆粒)，進行插枝作業前，先澆入適量的水，好讓土壤穩定不鬆散亂飛。

2 插穗的作法

剪取沒有花芽的嫩枝10cm，保留3~4片上葉，下葉全部摘除，此外4~5月、9月為最佳插枝時節。

3 供給插穗水分

將剪取的草莖放入杯中浸泡30分鐘~1小時。在進行插枝作業之前，再於下部的節部以下處，斜切成5~7cm的插穗。

4 塗上發根劑

為了提高發根率可使用發根劑，重點是要在插穗切口處充分塗抹發根劑。

5 挖插枝洞

確認插枝位置後，再用筷子小心翼翼的挖洞，這樣一來，插穗在插枝時就不容易受傷且容易插枝。

6 插枝

將插穗的1/3部分，確實地插入挖好的洞中，而後再用指尖輕壓四周的培養土，以固定插穗。

7 插枝後的管理

插枝作業完成後，充分澆水，一直到發根前，請放置在半日陰處，等發根後再移至陽光充足的地方。

8 移植作業

20~30天後就可進行移植，且要以不傷害根部為原則，移植到3號盆，培養土為赤玉土(小顆粒)7、腐葉土3的混拌土。

輕鬆栽培法　草高可達40~50cm，且會往地面四周擴散生長，所以如果庭院植栽時，每株的間隔一定要保持在30cm以上，如果為盆栽植栽時，要隨著生長而更換花盆，最後一定要選用5號盆以上的花盆。咖哩草性喜日照及排水良好的環境，冬天時地上部分會枯死，但一到春天就會再長出新芽，所以不用擔心！

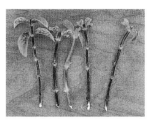

可插枝的香草植物

羅勒（九層塔）

唇形科　一年生草本植物。是義大利料理不可或缺的香料，原產地為印度，與印度教的神祇有著極深淵源，所以在印度很受到重視。

羅勒的插枝時節

1	2	3	4	5	6	7	8	9	10	11	12

■ 花期　　■ 插枝　　■ 移植

1 準備插枝床（1）

培養土為赤玉土(小顆粒)6、蛭石4的混拌土。插枝床底部放入赤玉土(中顆粒)，進行插枝作業前，先澆入適量的水，好讓土壤穩定不鬆散亂飛。

2 插穗的作法

剪取沒有花芽的嫩枝10cm，保留4~5片上葉，下葉全部摘除，此外，6~9月為最佳插枝時節。

3 供給插穗水分

將剪取的莖葉放入水杯中浸泡30分鐘~1小時。在進行插枝作業之前，再於下部的節部以下處，斜切成5~7cm的插穗。

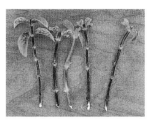

4 塗上發根劑

羅勒是很容易發根的香草植物，但若能塗抹市售發根劑就更能安心，塗抹時切口要確實地塗抹。

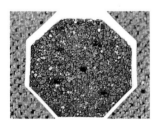

5 挖插枝洞

確認插枝位置後，再用筷子小心翼翼的挖洞，這樣一來，插穗在插枝時就不容易受傷且容易插枝。

6 插枝

將插穗的1/3部分，確實地插入挖好的洞中，而後再用指尖輕壓四周的培養土，以固定插穗。

7 插枝後的管理

插枝作業完成後，充分澆水，一直到發根前，請放置在半日陰處，等發根後再移至陽光充足的地方。

8 移植作業

20~30天後就可進行移植，且要以不傷害根部為原則，移植到3號盆，培養土為赤玉土(小顆粒)7、腐葉土3的混拌土。

腐葉土3
赤玉土小顆粒7

年間收割

羅勒耐寒性差，如果放在陽台等上過冬，就會枯死。而如果在夏季插枝，並放置在室內培育，那過了一個冬天，到了春季時，就可進行採收了，另外羅勒在春天時會變得比較虛弱，所以可進行新芽的培植或播種，如此經過一年就又能享受採收新鮮羅勒的樂趣！從5月開始，就可進行播種。

15

 錦葵

可插枝的香草植物

葵科　多年生草本植物，錦葵可當香草植物或許大家都不知道吧！此外，夏天為錦葵的開花盛期。

錦葵的插枝時節

1	2	3	4	5	6	7	8	9	10	11	12

■ 花期　　■ 插枝　　■ 移植

1 準備插枝床

培養土為赤玉土(小顆粒)6、蛭石4的混拌土。插枝床底部放入赤玉土(中顆粒)，進行插枝作業前，要先澆入適量的水，讓土壤穩定不鬆散亂飛。

2 插穗的作法

剪取沒有花芽的莖尖枝10cm，保留3~4片上葉，下葉全部摘除，此外4~5月、9~10月為最佳插枝時節。

3 供給插穗水分

將剪取的莖葉放入水杯中浸泡30分鐘~1小時。在進行插枝作業之前，再於下部的節以下處，斜切成5~7cm的插穗。

4 塗上發根劑

為了提高發根率可使用發根劑，重點是要在插穗切口處充分塗抹發根劑。

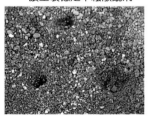

5 挖插枝洞

確認插枝位置後，再用筷子小心翼翼的挖洞，這樣一來，插穗在插枝時就不容易受傷且容易插枝。

6 插枝

將插穗的1/3部分，確實地插入挖好的洞中，而後再用指尖輕壓四周的培養土，以固定插穗。

7 插枝後的管理

插枝作業完成後，充分澆水，一直到發根前，請放置在半日陰處，等發根後再移至陽光充足的地方。

8 移植作業

20~30天後就可進行移植，且要以不傷害根部為原則，移植到3號盆，培養土為赤玉土(小顆粒)6、腐葉土4的混拌土。

花草茶

錦葵花草茶的茶色為寶藍色，但加入檸檬片的話，馬上就會轉變為鮮豔的粉紅色，每年7~8月為開花期，而且花只開一天就凋謝，如果要採收的話，就得趁當日中午以前進行採收。採收方法為將連著2~3葉子的花，從花朵下方摘取，而後以陰乾方式乾燥之後，放入密封罐中保存即可。

黃金柏

黃金柏的插枝時節

1	2	3	4	5	6	7	8	9	10	11	12

■ 生長期　　■ 插枝　　■ 移植

檜木科　常綠針葉樹。葉子和樹形很美，所以很有人氣，且室內栽培也一樣能長得粗壯健康。

1 供給插穗水分

將剪取的莖葉放入杯中浸泡30分鐘~1小時，在進行插枝作業之前，再於下部的節部以下處，斜切成5~7cm的插穗。

2 塗上發根劑

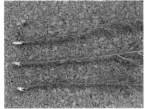

為了提高發根率可使用發根劑，重點是要在插穗切口處充分塗抹發根劑。

3 插枝

將插穗的1/3部分，確實地插入挖好的洞中，而後再用指尖輕壓四周的培養土，以固定插穗。

4 發根前的管理

插枝作業完成之後，充分澆水並擺放於半陰涼無風的地方。以冷布等遮光時，要使用遮光率50%的冷布。

5 移植時期

每年9~10月為上盆時期（由苗圃移至花盆），但因杉木類的發根較慢，所以如果生長情況惡劣時，就要等到隔年春天3月了。

6 移植的培養土

培養土為赤玉土（小顆粒）6、蛭石3比例的混拌土，3號盆的底部放入赤玉土（中顆粒）。

7 從插枝床移植

剛長出來的幼根非常脆弱，從插枝床移植時，要用小竹板等以不傷害根部為原則，小心地挖掘。

8 植入花盆

填補剩餘的培養土　←　培養土1/3

將約1/3的培養土倒入花盆中，再將插穗立於花盆中央，而後再填補剩下的培養土。

修剪要在萌芽前	黃金柏的修剪時期與修剪方法，和一般的針葉樹不同，因為黃金柏在修剪後切口會變紅，就會破壞了葉子的美感。還有大部分的針葉樹都不喜歡金屬製品，而若使用園藝專用剪刀進行修剪的話，切口就會變成茶褐色，進而降低了其觀賞價值，所以正確的修剪方法是要趁萌芽前，用指尖加以摘除。

可插枝的觀葉植物 **彩葉草**

唇形科　多年生草本植物。屬於觀葉植物，依品種而定擁有豐富的色彩以及樹形。雖然很多為播種繁殖，但若要讓其漂亮的斑紋得以延續，最好是採插枝繁殖法，為生長快速的品種。

彩葉草的插枝時節

1	2	3	4	5	6	7	8	9	10	11	12

■ 花期　■ 插枝　■ 移植

1 準備插枝床

培養土為赤玉土（小顆粒）6、蛭石4的混拌土。插枝床底部放入赤玉土（中顆粒），進行插枝作業前，先澆入適量的水，好讓土壤穩定不鬆散亂飛。

2 插穗的作法

剪取10cm左右的莖尖葉，保留3~4片上葉，下葉全部摘除，此外5月上旬~6月上旬為最佳插枝時節。

3 供給插穗水分

將剪取的莖葉放入杯中浸泡30分鐘~1小時，在進行插枝作業之前，再於下部的節部以下處，斜切成5~7cm的插穗。

4 塗上發根劑

為了提高發根率可使用發根劑，重點是要在插穗切口處充分塗抹發根劑。

5 挖插枝洞

確認插枝位置後，再用筷子小心翼翼的挖洞，這樣一來，插穗在插枝時就不容易受傷且容易插枝。

6 插枝

將插穗的1/3部分，確實地插入挖好的洞中，而後再用指尖輕壓四周的培養土，以固定插穗。

7 插枝後的管理

插枝作業完成後，充分澆水，一直到發根前，請放置在半日陰處，等發根後再移至陽光充足的地方。

8 移植作業

20~30天後就可進行移植，且要以不傷害根部為原則，移植到3號盆，培養土為赤玉土（小顆粒）5、腐葉土3以及珍珠岩2的混拌土。

要隨時澆水

生長適溫頗高為20~30℃，彩葉草性喜高溫多濕，生長時期如果水分不足就會枯萎，所以要隨時注意澆水，當泥土表面變乾時就要馬上澆水，特別是炎夏容易乾燥的季節，一天必要澆2~3次的水才足夠，還有雖然彩葉草很喜歡日照，但在盛夏時期還是要移至半日陰的地方，冬天時，則要移入室內，擺置在日照良好的地方。

可插枝的觀葉植物 **蘆薈**

百合科　多年生草本植物，蘆薈一直被當作是藥用植物，其下葉部分也可作為插穗來繁殖，而母株的缺口還會再長出新芽。

蘆薈的插枝時節

1	2	3	4	5	6	7	8	9	10	11	12

　生長期　　　插枝

1 準備插枝床

培養土為赤玉土（小顆粒）5、腐葉土3、蛭石2的混拌土，亦可使用和長出許多子株的母株相同的培養土。

2 插穗的作法

選擇健康飽滿的莖部，莖尖葉部分加以切除，保留6~7片下葉。

3 乾燥插穗

蘆薈屬於多肉質植物，所以不可再泡水，反而切口還需乾燥，切口約需陰乾一個禮拜，子株亦同。

4 插枝

由於頂部本來就已經很大了，所以要種植在4號花盆裡。但若為子株的話，則可種植在3號花盆裡。

5 插枝後的管理

插枝作業完成後的一個禮拜要控制水分，一週之後就要充分澆水並觀察其生長情形，同時移至陽光充足的地方。

6 施肥

當新芽開始長出來之後，土面上要放入4~5個遲效性肥料。

7 以側芽做新株

新芽會從母株的節處長出來，一直長到6~7片的葉子時，就可利用園藝專用剪刀剪下子株，以插枝的方式繁殖。

8 整枝直立株

當下葉出現枯萎情況時，其觀賞價值也就跟著大打折扣了，這時可加以整枝進行再利用。

插枝時節　5月上旬~6月中旬為最適當的插枝時節，如果錯過了，秋季也能進行插枝，不過冬季時就要特別注意了，雖然生育蘆薈株抗寒性強，只要不受霜害，亦能耐0℃左右的低溫，但是幼株因為比較脆弱，所以冬季時，最好是移至室內栽培較為安全，還有要放置於陽光會照射到的窗邊，而且要避免澆過多的水，由於蘆薈也耐乾燥，所以冬季只要每月澆2次水就足夠了。

可插枝的觀葉植物 **龍舌蘭**

龍血樹的插枝時節

1	2	3	4	5	6	7	8	9	10	11	12

■ 生長期　　■ 插枝　　■ 移植

龍舌蘭科常綠灌木~小喬木，龍血樹的品種繁多，且另有更貼切的俗名『幸福樹』。

1 準備插枝床

培養土為赤玉土(小顆粒)6、蛭石4的混拌土。插枝床底部放入赤玉土(中顆粒)，進行插枝作業前，先澆入適量的水，好讓土壤穩定不鬆散亂飛。

2 插穗的作法

可以頂端有發嫩葉的部分來插枝，或是以沒有葉子的莖幹來進行插枝，莖幹厚度約5~6㎝。此外，4~7月為最佳插枝時節。

3 塗上發根劑

為了提高發根率，可使用發根劑，重點是插穗切口處要充分塗抹發根劑。

4 插枝

插穗莖幹時要縱插，將下部的2/3部分埋入混拌土中，露出其餘的1/3。

5 伏莖插枝

所謂伏莖插枝，就是將莖幹以平躺方式埋入培養土裡，進行伏莖插枝的莖幹必須深埋入培養土裡。

6 發根、發芽狀態

插枝的莖幹，會從下部結節處發根，而新芽則會從上部結節處長出來，伏莖插枝則會從莖幹兩端發根和發新芽。

7 插枝後的管理

插枝作業完成後，充分澆水，一直到發根前，都要保持濕潤。

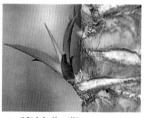

8 移植作業

一旦長出5~6片嫩葉之後，就可移植到3號花盆裡栽培，培養土為赤玉土(小顆粒)4、腐葉土3以及蛭石3的混拌土。

輕鬆培育法

生長適溫20~30℃。冬季時不要澆太多的水，並且要移至10℃以上的地方較安全，因性喜高溫多濕的環境，所以生長期時培養土一乾燥，就要充分澆水，還有葉子也要多次澆水，並以2年換盆一次為基準，至於培養土方面不需要全部更換，只要留下1/2的舊土，再填補新的培養土即可，並置於半日陰處約一個月左右。

銳葉景天

銳葉景天的插枝時節

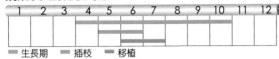

1	2	3	4	5	6	7	8	9	10	11	12

■ 生長期　　■ 插枝　　■ 移植

景天科　常綠多肉質小灌木，日本名為『花月』，卵形多肉的葉片上部為紅色。

1 準備插枝床

培養土為赤玉土(小顆粒)6、蛭石4比例的混拌土，充分澆水，插枝床底部放入赤玉土(中顆粒)。

2 插穗的作法

剪取長有5~6片新葉的葉莖5~7cm，並摘除下葉2~3葉來做插穗。此外，5~6月為最佳插枝時節。

3 插穗進行乾燥

銳葉景天因屬多肉質植物，所以不可再泡水，反而切口還需進行乾燥，切口陰乾2~3天就很足夠。

4 塗上發根劑

為了提高發根率，可使用發根劑，重點是插穗切口處要充分塗抹發根劑。

5 挖插枝洞

確認插枝位置後，再用筷子小心翼翼的挖洞，這樣一來，插穗在插枝時就不容易受傷且容易插枝。

6 插枝

將插穗的1/3部分，確實地插入挖好的洞中，而後再用指尖輕壓四周的培養土，以固定插穗。

7 插枝後的管理

插枝作業完成後，充分澆水，一直到發根前，請放置在半日陰處，等發根後再移至陽光充足的地方。

腐葉土4
赤玉土小顆粒6

8 移植作業

20~30天後，當長出新葉就可進行移植，且要以不傷害根部為原則，移植到3號盆，培養土為赤玉土(小顆粒)6、腐葉土4的混拌土。

輕鬆培育法

生長適溫為20~25℃，但耐寒性強，可耐0℃的低溫，不過如果要讓葉株不變弱，冬天時溫度要保持在5℃以上。此外，銳葉景天耐陰性強，可整年皆在室內培育，不過因其性喜日照，所以最好是放置在陽光充足的地方，盛夏時要防範葉子曬傷，所以需移至半日陰的地方，除了盛夏時期之外，其他時期就要擺放在陽光充足的地方。

大溪地新娘面紗

鴨跖草科　常綠蔓性多年生草本，初夏~夏末為開花盛期，會綻放出直徑約5～6㎝的小白花，由於花形嬌小且密集綻放，形成樹上掛滿白色鈴鐺的特殊景象。

大溪地新娘面紗的插枝時節

1	2	3	4	5	6	7	8	9	10	11	12

■ 花期　　■ 插枝

1 準備插枝床

培養土為赤玉土(小顆粒)6、蛭石4比例的混拌土。為了排水良好底部要放入赤玉土(中顆粒)。

2 插穗的作法

剪取從莖尖葉算起的4~5節約5~6㎝長，保留2~3葉，下葉摘除來做插穗。此外，4月中旬~9月下旬為最佳插枝時節。

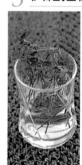

3 供給插穗水分

將大片的上葉剪掉一半，再放入杯中浸泡30分鐘~1小時。

4 塗上發根劑

為了提高發根率可使發根劑，重點是要在插穗切口處充分塗抹發根劑。

5 挖插枝洞

確認插枝位置後，再用筷子小心翼翼的挖洞，這樣一來，插穗在插枝時就不容易受傷且容易插枝。

6 插枝

將插穗的1/3部分，確實地插入挖好的洞中，而後再用指尖輕壓四周的培養土，以固定插穗。

7 插枝後的管理

插枝作業完成後，充分澆水，一直到發根前，請放置在半日陰處，等發根後再移至陽光充足的地方。

8 吊籃

將5~10根插穗，植入吊籃~數處，插穗之間要保有間隙，待1個月之後，會長出新芽可供觀賞。

培養土的調製　一般的盆栽或植栽，培養土都是赤玉土（小顆粒）6、腐葉土4的混拌土，而底部則為赤玉土(中顆粒)，如果是種植在吊籃~的話，就要花心思在減少培養土的用量上，像是赤玉土（小顆粒）就得減少為4，再加上泥炭土3以及珍珠岩3，就可調製重量輕排水性良好的培養土了。生長適溫為15～25℃。

虎尾蘭

龍舌蘭科　常綠多肉植物，有著淡綠色橫紋劍狀葉，直直地矗立著，而由於其形狀和顏色酷似「老虎尾巴」，所以被命名為『虎尾蘭』。

虎尾蘭的插枝時節

1	2	3	4	5	6	7	8	9	10	11	12

生長期　　插枝　　移植

1 準備插枝床

單以蛭石為培養土，而底部則放入排水良好的赤玉土(中顆粒)。

2 插穗的作法

選擇健康飽滿的葉片，並用利剪將葉片切成每段皆為7~8cm長，葉子較長的話，可切成6~7等份，此外5月~7月為最佳插枝時節。

3 塗上發根劑

為了提高發根率，可使用發根劑，要注意上下不同來塗抹發根劑。

4 插枝

將插穗的1/3部分，確實地插入挖好的洞中，而後再用指尖輕壓四周的培養土，以固定插穗。

5 插枝後的管理

插枝作業完成後，充分澆水，然後置於日陰處約半日，而後再移至陽光充足的地方。

6 從插枝床移植

挖起時要留意根部

插枝約1個月後會長出幼根，而新葉會在數月之後陸續生長出來。待新葉生長為大葉之後，便可從插枝床挖起進行移植作業。

7 移植

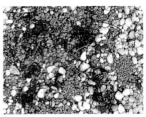

以赤玉土(小顆粒)4、腐葉土3、珍珠岩3的混拌土為培養土，底部則放入中顆粒赤玉土。

8 分株作業

斑紋虎尾蘭，插枝時葉片上的斑紋會消失，所以只適合用分株方法來進行繁殖，以3~4葉為一組，確實地分割地下莖，然後植栽即可。

輕鬆培育法

生長適溫為20～30℃。所以15℃時就會停止生長活動，如果是在5℃的環境下就會進入冬眠狀態，所以當冬天氣溫降至8℃時，就要停止澆水使其乾燥，且斷水狀態要一直持續到春天，或是將虎尾蘭連根拔起，用紙包起來，而即使葉片因乾燥而出現皺紋時，到了初春只要澆水它就會再生，夏天時要放置在半日陰的地方，而其他季節則只要放置在陽光充足的地方即可。

可插枝的花木

桂花

木犀科　常綠闊葉木。秋天會綻放出一群一群的金黃色小花，其獨特的花香特別誘人，雌雄異株，而日本的桂花幾乎都是雄株。

桂花的插枝時節

1	2	3	4	5	6	7	8	9	10	11	12

■ 花期　　■ 插枝　　■ 移植

1 準備插枝床

培養土為赤玉土(小顆粒)6、蛭石4的混拌土。插枝床底部放入赤玉土(中顆粒)，進行插枝作業前，先澆入適量的水，好讓土壤穩定不鬆散亂飛。

2 插穗的選擇方法

選擇本年生的健康枝葉，趁著早晨剪取，要避免剪取無葉長枝或是沒頂芽的枝葉，此外，6月中旬～7月中旬為最佳插枝時節。

3 插穗的作法

保留3~4片上葉，下葉全部摘除，下部斜剪成10㎝左右，而後泡水。

4 塗上發根劑

為了提高發根率可使用發根劑，重點是要在插穗切口處充分塗抹發根劑。

5 挖插枝洞

確認插枝位置後，再用筷子小心翼翼的挖洞，這樣一來，插穗在插枝時就不容易受傷且容易插枝。

6 插枝

將葉片約1/3部分，小心翼翼的插入挖好的洞口位置。插好之後，再用手指輕輕壓平周圍的培養土，以確保插穗的穩固。

7 插枝後的管理

插枝作業完成之後，充分澆水分，擺放於無風半日陰處，並在一個月之內，儘可能地確保高溫環境。

8 移植作業

9月上旬~10月下旬為最佳移植時節，發根遲緩者，要一直等到翌春再進行移植，並填補赤玉土(小顆粒)7、珍珠岩3的混拌土。

輕鬆栽培法

只要給予寬廣的環境，桂花就會長得很碩大，即使是從小樹種起，桂花也會長到2公尺左右的高度，還有當桂花長到一定程度時，為了美觀要修剪枯萎的枝葉。每年的7月份是花芽阿生長旺盛期以及開花期，所以不可在這段時間修剪枝葉，要等到開花後的11～12月再進行修剪。

茉莉

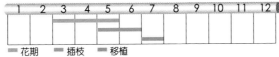

茉莉花的插枝時節

1	2	3	4	5	6	7	8	9	10	11	12

■ 花期　　■ 插枝　　■ 移植

木犀科　蔓性常綠灌木。茉莉花有蔓性和直立性兩種品種，而最普遍的是花朵很多的羽衣茉莉品種。

1 準備插枝床

可單用赤玉土(小顆粒)或珍珠岩等為培養土，底部放入排水良好的赤玉土(中顆粒)。

2 插穗的作法

選擇健康嫩枝，剪取有著2~3個結節的嫩枝7~8cm長，保留2片上葉，下葉全部摘除，此外5月~6月為最佳插枝時節。

3 塗上發根劑

利用發根劑，即使是發根率低的插穗，也能提高發根率，而重點是要在插穗切口處充分塗抹發根劑。

4 挖插枝洞

培養土先用水淋濕，再用筷子等細棒子挖洞。

5 插枝

將插穗的1/3部分，確實地插入挖好的洞中，而後再用指尖輕壓四周的培養土，以固定插穗。

6 插枝後的管理

插枝作業完成後，充分澆水分，擺放於無風半日陰處，約一個月就會發根。

7 移植作業

40~50天之後會充分發根，並以不使根部受損為原則，小心地將用小竹板挖起並移至4~5號盆中。

8 花盆培養土

以赤玉土(小顆粒)4、腐葉土4、珍珠岩2的混拌土為培養土，底部則放入中顆粒的赤玉土。

輕鬆的栽培法　生長適溫15～25℃，以南方系植物來說，溫度屬偏低的，另外其抗寒性也不差，冬天時只要溫度在3℃以上就能安然度過冬天，生長期要充分給水，特別是夏天，要隨時注意水分的補給，而從秋天開始就要控制澆水量，冬天一個月只要澆3次水就可以了，還有茉莉花喜歡陽光，所以夏季～秋季最好能移至戶外。

朱槿

錦葵科　常綠闊葉木。其中又以花朵碩大，顏色多彩的夏威夷朱槿最為人所知，最近也有幾種適合盆栽的新品種問市。

朱槿的插枝時節

1	2	3	4	5	6	7	8	9	10	11	12

■ 花期　■ 插枝　■ 移植

1 準備插枝床

可單單用赤玉土（小顆粒）或珍珠岩為培養土，插枝床底部放入赤玉土（中顆粒），在進行插枝作業之前，先澆入適量的水，好讓土壤穩定不鬆散亂飛。

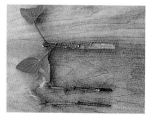

2 插穗的作法

剪取有著3~4個結節約10cm的木質化樹枝，保留2~3片上葉，下葉全部摘除。6月~8月為最佳插枝時節。

3 沖洗與給水

因插穗切口會流出白色的樹液，所以要先用水充分沖洗，而後再放入水杯中浸泡1-2小時。

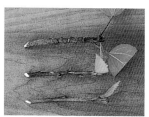

4 塗上發根劑

利用發根劑，即使是發根率低的插穗，也能提高發根率，而重點是要在插穗切口處充分塗抹發根劑。

5 挖插枝洞

確認插枝位置後，再用筷子小心翼翼的挖洞，這樣一來，插穗在插枝時就不容易受傷且容易插枝。

6 插枝

將插穗的1/3部分，確實地插入挖好的洞中，而後再用指尖輕壓四周的培養土，以固定插穗。

7 插枝後的管理

插枝作業完成之後，充分澆水分，並擺放於無風半日陰處，約1個月後便會長出幼根。

腐葉土4
赤玉土小顆粒6

8 移植作業

移植時以不傷害根部為原則，小心用竹板挖起，而後移植到3號花盆中，並填補赤玉土（小顆粒）6、腐葉土4的混拌土。

輕鬆栽培法　一定要在15℃以上的環境，才有可能開花，其雖屬熱帶性花木但抗寒性強，冬天溫度只要在5℃以上，就能安然度過冬天，由於朱槿性喜陽光，所以5~11月時要移至戶外，冬季時則移至室內，擺放於陽光照射得到的窗邊，生長期要每天澆充分的水，至於冬天擺在室內時，則等到表面土壤變乾時再澆水即可，還有2~3年要換一次盆。

可插枝的花木 紫陽花

虎耳草科　落葉闊葉樹。園藝品種的由日本原產的花萼紫陽花所研發出來的新品種，而西洋紫陽花則是在國外改良而成的品種，進而反銷到日本的品種。

天竺葵的插枝時節

1	2	3	4	5	6	7	8	9	10	11	12

花期　插枝　移植

1 **插枝的最佳時節**

紫陽花的一年有3期插枝時期，第一期是3~4月的前年枝春插枝，第二期是6~7月的今年新梢梅雨插枝，第三期是9月的熟枝插枝。

2 **準備插枝床**

以赤玉土(小顆粒)7、珍珠岩3的混拌土為培養土，底部則放入中顆粒的赤玉土，再進行插枝作業前，先澆入適量的水，好讓土壤穩定不鬆散亂飛。

3 **插穗的作法**(綠枝插穗)

剪取10~12cm的健康葉枝，保留4片上葉並將其切掉一半，而下葉則全部摘除，不過若為春插枝的話，上葉就不需切掉一半。

4 **塗上發根劑**

為了提高發根率可使用發根劑，重點是要在插穗切口處充分塗抹發根劑。

5 **挖插枝洞**

確認插枝位置後，再用筷子小心翼翼的挖洞，這樣一來，插穗在插枝時就不容易受傷且容易插枝。

6 **插枝**

將插穗的1/3部分，確實地插入挖好的洞中，而後再用指尖輕壓四周的培養土，以固定插穗。

7 **插枝後的管理**

插枝作業完成之後，充分澆水分，並置於半日陰處，若為綠枝插枝或熟枝插枝時，每一天要澆水2~3次，以來保持溼度。

8 **移植作業**

約1個月後就會開始發根，當充分發根後，就可於翌年的3月進行移植，培養土為赤玉土(小顆粒)6、腐葉土4的混拌土。

腐葉土4
赤玉土小顆粒6

輕鬆栽培法

耐陰性強，討厭強光照射，所以種植於半日陰處為其基本栽培法，因性喜肥沃濕潤土壤，所以如果種植在庭園中時，要多添加一些堆肥和腐葉土，還有紫陽花的樹枝為中空型，所以抗寒性差，故要種植在北風吹不到的地方，另外紫陽花最為人所知的特性是，花色會隨著土質的pH值而改變。

可分株
的草花

吊蘭

百合科　多年生草本,因原產地南非洲命名為蘭,所以名字中有個"蘭"字,但實際上吊蘭跟蘭花是一點關係也沒有,它是屬百合科的植物,其品種又可分為斑葉以及寬葉等品種。

吊蘭的分株時節

■ 生長期　　■ 分株　　■ 移植(盆)

1 澆　水

由於吊蘭生長迅速,根部擴展性強,所以有時很難從盆中拔出,其實只要先澆水就能輕易地拔出。

2 從盆中拔出

由於地上部長得很茂盛,所以拔時為了不損傷根部,要一手緊握著根部附近,一手按著花盆,來加以拔出。

3 整理交雜的根部

多肉質的根部長在狹小的花盆內,很容易就會形成互相糾纏的情況,這時要盡可能地不要傷害根部,將糾結的根部一一分開。

4 根部的整理

將無法吸收養分的老根和腐根剪除,只留下健康的嫩根。

5 分株作業

將根部分成兩半。用鋒利的刀子從中間切開,分成兩株。

6 植栽培養土

以赤玉土(小顆粒)5、腐葉土3、珍珠岩2的混拌土為培養土,底部則放入排水良好的中顆粒赤玉土。

7 植栽

先倒入約1/3的培養土,將植株置於中央,根部向外擴張,四周則放入剩下的培養土。

8 植栽後的管理

充分澆水,置於半日陰處約3~4天,之後移至陽光充足的地方即可。

吊　籃　吊蘭自古以來,幾乎都是以吊籃方式進行栽培,這是因為吊蘭的葡蔔莖會延伸下垂,而且葡蔔莖尖端會生長新苗出來。另外因新苗外型酷似紙鶴,所以日本名為"吊鶴蘭",所以如果是種植在吊籃裡,下垂的葉片就像是聞風起舞的鶴一樣,非常的高雅美麗。

28

生育適溫為20～25℃左右，不過氣候降至13℃以下時依然可持續地生長，但是生長速度會趨緩，而如果是在8℃左右的氣溫時，也可欣賞到漂亮草姿，冬季時溫度必須控制在5～6℃以上，否則葉片會因霜害而枯萎，還有吊蘭根部雖屬多肉質類耐乾燥，但如果水分不足時，葉片顏色就會變差。

9 小苗分株法

選擇根部健康的苗木，比較容易種活。然後從根部1苗1株地切離。

10 植栽

將一株株的小苗木分別種植在2～3號的花盆裡，亦可種在咖啡杯中，觀賞迷你葉株。

11 小苗木的培育

將小花盆放置於靠近母株的地方，接著把連著匍匐莖的小苗種植在小花盆裡。

12 切離

當苗木生長得健康有朝氣時，就可將匍匐莖剪掉，這是最不容易失敗的小苗分株法。

13 修剪葉片

遇到寒風或乾燥時，葉尖會受傷枯萎，這時要將枯萎的部分剪除。

14 再次修剪枯葉

葉尖修剪過的葉子，不久之後葉子就會枯萎，這時就必須將枯萎的枝葉全部剪除。

15 回復

如果管理的好，不久之後就會長出新葉，而在經過2～3個月之後，就可移植到漂亮的花盆內。

16 吊籃

培養土要盡可能地使用重量輕的土。培養土為赤玉土（小顆粒）4、泥炭土4、蛭石2的混拌土。

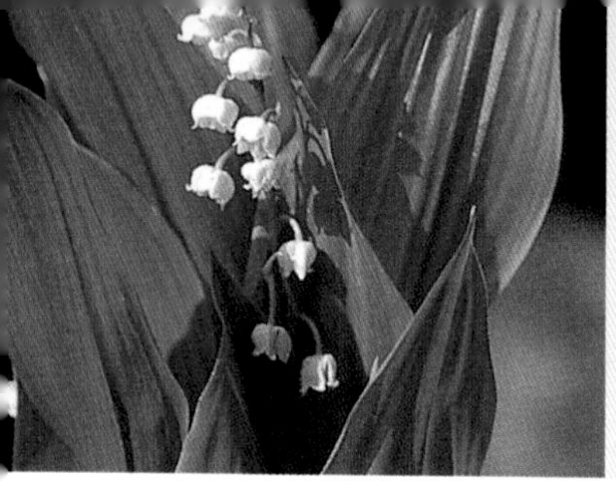

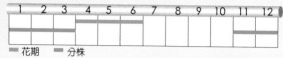

可分株的草花

鈴蘭

百合科　多年生草本植物。北海道的野鈴蘭非常地有名，現今以被當成園藝植物栽培，強健花朵繁密，而最具觀賞價值的是德國鈴蘭。

鈴蘭的分株時節

	1	2	3	4	5	6	7	8	9	10	11	12
花期				▬	▬	▬						
分株	▬	▬	▬								▬	▬

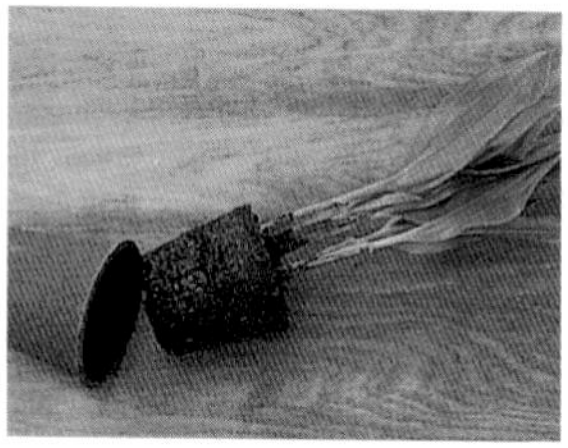

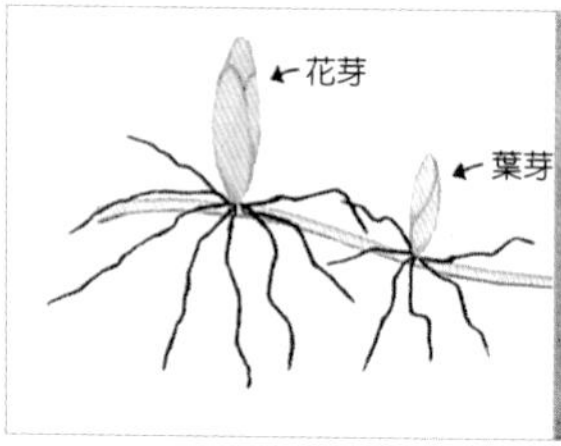

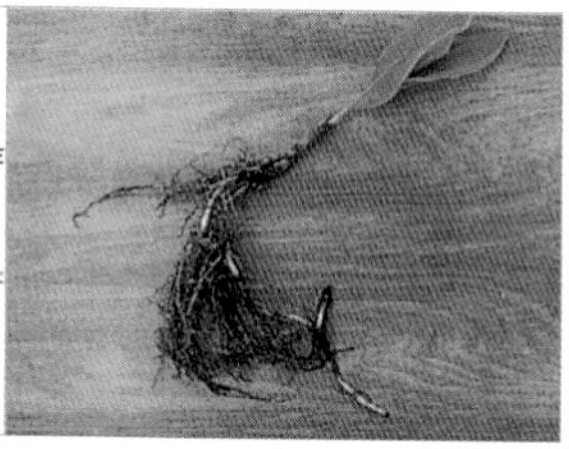

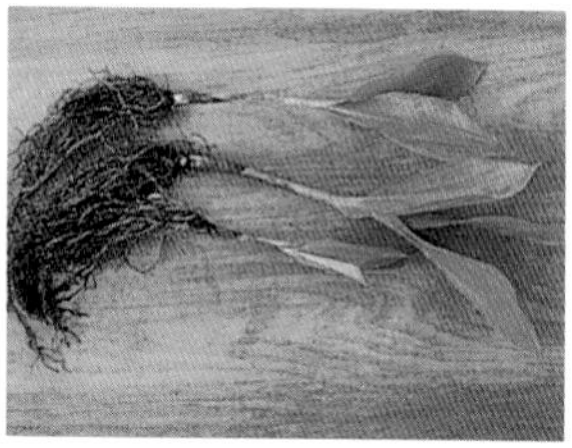

1 從盆中拔出

種在花盆內的自不用說，如果是種在庭院中的鈴蘭，崛起時要也要崛起地下莖，因為鈴蘭是以地下莖來繁殖的，可於花期結束後到秋天的這段時間進行培育，不久之後就會長得很大株。

2 確認地下莖

確認清除土塊後的地下莖，圓圓的大芽就是花芽，旁邊較小的細芽則是葉芽，這些都是繁殖芽。

3 分株

如果是種在庭院時，切取5~6根連著地下莖的芽，盆栽時則切取3~4根芽就可以了，最佳分株時節為每年的11~3月。

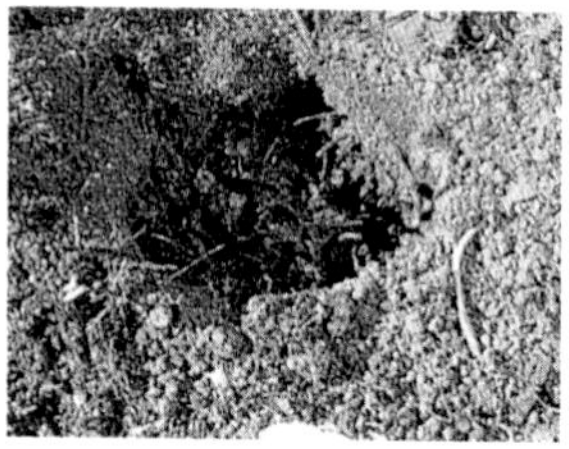

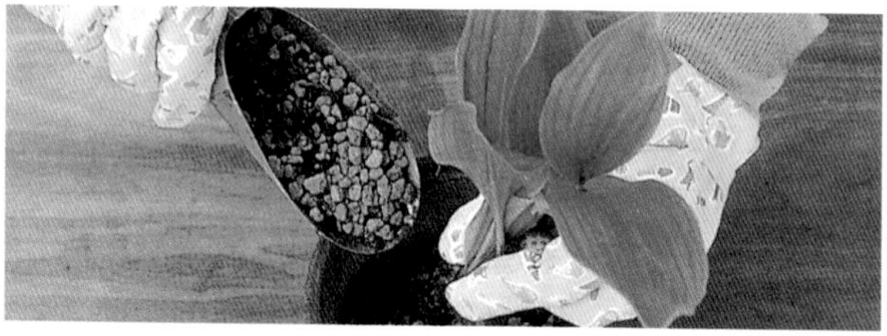

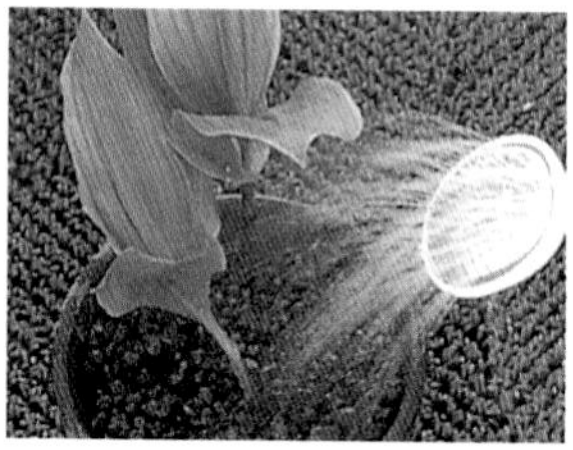

4 庭院栽植

鈴蘭怕暑熱，所以夏天要選擇半日陰涼爽的樹蔭處，並要混入堆肥來植栽。

5 花盆栽培

鈴蘭非常喜歡肥沃適當濕度的土質，所以底部放入中顆粒赤玉土，並以赤玉土(小顆粒)6、腐葉土4的混拌土為培養土。

為了讓各位容易瞭解作業順序，這裡使用了生長期的鈴蘭，事實上是應在落葉期進行分株。

6 分株後的管理

分株換盆後要充分澆水分，並置於半日陰處，當確認已經種活之後，再移至陽光充足的地方即可。

輕鬆栽培法

種植在庭園的一角，如果環境條件不錯的話，地下莖每年都會生長，開花的範圍就會變大，鈴蘭最怕炎熱和乾燥，抗寒性很強，而冬天會枯萎進入休眠期，此為鈴蘭的性質所致，並非受到寒害，夏天放置在涼爽的半日陰處，冬天則擺在陽光充足的地方，此為鈴蘭的基本栽培法。

可分株的草花

虎頭蘭

陸生~半著生蘭。是抗寒性強，即使不在溫室也能進行栽培的少數洋蘭，虎頭蘭與日本的春蘭（草蘭）為同種，此外花朵會在冬天持續綻放。

虎頭蘭的分株時節

1	2	3	4	5	6	7	8	9	10	11	12

■ 花期　■ 分株　■ 移植（盆）

1 從盆中拔出

為了不傷害葉株，要一手緊握接近土面的部分，一手按壓傾斜花盆整個拔出虎頭蘭。

2 整理根部

用剪刀剪掉無法吸收養分變黑腐敗的根部。

3 分株

以利剪將1大株分成3~4小株，不要分得太小。3~4月為最佳分株期。

4 植栽

可單獨使用水苔為培養土，底部鋪上輕石等，上面放入沾濕的水苔，而後植入虎頭蘭分株，最後配合花盆大小，放入濕水苔即可。

5 分株後的管理

雖然虎頭蘭性喜日光，但在分株後的2~3週內，要用遮光率50％左右的冷布覆蓋，放置在半日陰處。

6 澆水（11～3月）

氣溫下降時，慢慢地剪為3~4天澆一次水，但要注意如果濕度不夠時，花莖無法延伸。

7 除芽

要開花就一定要除芽，所以要去除多餘的新芽，只留下一個新芽。

8 追肥

每年的4~6月和9月要進行追肥，肥料要擺放在離葉株遠一點的位置，一個月以一次為基準。

輕鬆栽培法　因抗寒性強，所以即使在0℃的環境下，小型種也不會結凍枯萎，冬天只要維持在5℃以上，就能安然度過冬天，反而是大型種因較不抗寒，所以必須要在10℃以上的環境中柔和的陽光是其必備的生長條件，所以當強光時或日照不足時，不僅花色會變差，生長也會變得遲緩，還有要避免放置在熱風處。

| 可分株的草花 | # 西洋櫻草 | |

報春花科　多年生草本植物。西洋櫻草大多為一年、二年生草本品種，而實際上其原本為多年生草本植物，開花期很長，從冬天一直持續開花到春天5月。

西洋櫻草的分株時節

1	2	3	4	5	6	7	8	9	10	11	12

━ 花期　　━ 分株　　━ 移植（盆）

1 從盆中拔出

由於西洋櫻草的根部很細很脆弱，所以在從盆中拔出時，要一手緊握接近土面的葉株，一手將花盆斜斜往下整個拔出。

2 疏開根部

一邊清除土塊，一邊用竹筷子疏開糾纏的根部。

3 根部的處理

去除無法吸收到養分以及呈現腐爛的老根，並留下健康粗狀的根部。

4 分株

葉子和根部，用刀子平均地分成3~4株，分株時盡量不要傷到葉根，9月下旬~10月上旬為最佳分株時節。

5 培養土

以赤玉土（小顆粒）5、腐葉土3、鹿沼土2的混拌土為培養土，而為了底部排水良好，要鋪上中顆粒赤玉土。

6 植栽

由於根部很細，所以其長度是地上部分的幾倍長，所以葉根要種在接近表土的深度。

7 分株後的管理

分株後的1週左右，置於半日陰處遮光，並每天葉子都要澆水，而後慢慢地讓它適應日照。

8 施肥

大約2週後，當葉株長得比較健壯時，再施以1000倍的液肥，充分照射陽光。

| 西洋櫻草的品種 | 多花報春花＝原產於中國的小朵多花性品種，其花色有紅、白、紫以及桃紅色等。鮮荷報春花＝原產於中國的圓瓣大朵花種，其花色有藍、紅、白、淡藍、橙色等。歐洲報春花＝原產地歐洲，為雜交園藝品種，其花色為紅、朱紅、藍、白、黃以及桃紅等色彩非常地豐富。 |

可分株的草花	**非洲菊**

非洲菊的分株時節

1	2	3	4	5	6	7	8	9	10	11	12

▬ 花期　▬ 分株　▬ 移植（盆）

菊科　多年生草本植物，花莖從形狀酷似蒲公英葉的葉間中伸出，綻放著直徑10~15cm的大花，花色非常豐富，有紅、黃、白等顏色。

1 從盆中拔出

若要盆栽時，要以兩年株為對象，一手緊握著接近土面的葉莖根部，另一手傾倒花盆整個拔出。

2 疏開雜亂的根部

用小竹板等先清除一半的土塊，而後再小心地將糾纏的根部一一疏開。

3 整理根部

剪掉無法吸收到養分的老根和腐爛的老根，再將長度過長的根部前端剪掉。

4 分株

為了不傷害根部，邊用手抓住根部，邊以2~3根芽為一株來加以切分。每年的3月上~中旬為最佳的分株時節。

5 培養土

以赤玉土(小顆粒)7、腐葉土3的混拌土為培養土，底部則鋪上排水良好的中顆粒赤玉土。

6 植栽

先將1/3分的培養土放入花盆中，而後將根部擴散開來，葉株置於花盆中央，最後將剩餘的培養土置於其上。

7 分株後的管理

充分澆水，置於半日陰處，2-3週間培養土不可乾燥，而後移至陽光充足的地方。

8 施肥

非洲菊性喜肥料，所以生長期養分一定不可缺乏，液肥以每2週追肥1次，固體肥料則1個月追肥1次就足夠了。

輕鬆栽培法	非洲菊耐寒性強，冬天溫度只要在0℃以上，就能安然度過冬天，而只要溫度在15℃以上，即使是冬天也會綻放美麗的花朵，抗旱性強，討厭過濕，所以培育的要訣是營造稍微乾燥的土質環境，如果種植在暖地時，只要覆蓋以枯葉，也可安然地度過寒冷的冬季。雖然非洲菊性喜日照，但盛夏時，如果陽光太強的話，必須進行30%的遮光。

檸檬香茅

禾本科　多年生草本植物。細長的葉片酷似芒草，將葉片加以搓揉即可聞到淡淡的檸檬香。

檸檬香茅的分株時節

1	2	3	4	5	6	7	8	9	10	11	12

■ 生長期　　■ 分株　　■ 移植

1 從盆中拔出

由於檸檬香茅生長茂密，幾乎都會種植在較大的花盆裡。基本上，一手緊握接近土面的葉株，一手緊壓花盆整個拔出。

2 疏開雜亂的根部

檸檬香茅的根淺且會往橫向擴張，和地上部相比較為貧弱，所以要邊小心地疏開根部邊清除土塊。

3 根部的處理

用剪刀剪掉無法吸收養分的老根以及腐爛的根部。

4 分株

均衡地將上葉和根部分成2~4株，注意分株時不要傷害了根部，此外每年的4~5月、9~10為分株的最佳時節。

5 培養土

以赤玉土（小顆粒）6、泥炭土4的混拌土為培養土，底部則鋪上中顆粒的赤玉土，因性喜多濕，所以最好是種植在不容易乾燥的深盆中。

6 植栽

將根部擴展開來，置於花盆的中央處，如果使用的是市販的盆苗時，就不要拿掉土塊，而直接進行栽種即可。

7 分株後的管理

充分澆水，置於半日陰處2~3天，而後移至陽光充足的地方。

8 肥料

不論是分株或是移植，培養土中都要混入1小匙的粒狀化學肥料當作基肥。

盆栽時要使用大盆

草高會長至1m左右，而且是很快就會長成一大株的香草植物，所以不適合種在小花盆裡，再加上檸檬香茅喜歡潮濕的土質，而小型花盆很容易乾燥，不利於保濕，所以一定要選購6號以上且較深的花盆，還有陶製花盆的保濕性比塑膠花盆好，故最好選用陶製花盆。

牛至

唇形科　多年生草本植物。為原產於地中海沿岸陽光普照丘陵地的香草植物，它也是義大利料理不可或缺的香草，乾燥後的牛至利用價值比新鮮牛至來得高。

牛至的分株時節

1	2	3	4	5	6	7	8	9	10	11	12

▬ 生長期　　▬ 分株　　▬ 移植（盆）

1 從盆中拔出

一手按著葉株，一手加以壓推，就能簡單地將牛至拔出，如果是種植在庭院者，就要連根一起掘起。

2 疏開根部

牛至的根部細且凌亂，所以要用竹筷子等小心地疏開並去除土塊。

3 根部的整理

剪除無法吸收到養分的老根，以及腐爛的根部。

4 分株

分成3~4株，如果上葉體積較大時，要剪掉一半，以助根部生長。

5 培養土

以赤玉土（小顆粒）7、腐葉土3的混拌土為培養土，底部則鋪上排水良好的中顆粒赤玉土。

6 植栽

先放入1/3的培養土，再將葉株的根部擴展開來置於其上，而後填入剩餘的培養土。4~5月、9~10月為最佳分株時節。

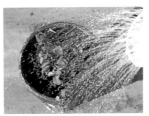

7 分株後的管理

充分澆水後，置於半日陰處，直到長出新葉後，再移至陽光充足的地方。

8 一年要換一次盆

因根部橫向生長的性質很強，很容易糾結在一起，所以最好一年換一次盆。

注意發霉　牛至很強健但害怕發霉。由於莖葉長得很快，所以只要經過一段時間，就會長得很茂密而葉子很容易發霉，進而從下葉開始腐爛，因此要勤於修剪，限制莖葉數量，並經常置於通風良好的地方。抗寒性強，若日本南關東以西的地方，亦可於戶外過冬。

百里香

唇形科　多年生草本植物。初夏季節，葉枝尖端會綻放出成群的紫色和白色小花，葉片會散發出強烈香味，而不論是新鮮的或乾燥的百里香葉，都被廣泛地運用在料理上。

百里香的分株時節

1	2	3	4	5	6	7	8	9	10	11	12

■ 生長期　　■ 分株　　■ 移植（盆）

1 從盆中拔出

百里香的莖葉多且蓬鬆，所以要一手將莖葉聚攏，一手將盆子倒轉整個拉出。

2 疏開雜亂的根部

一邊疏開百里香的根部，一邊用夾子盡可能地將土塊清除。

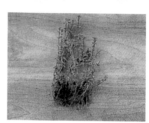

3 整理根部

剪去無法吸收養分的老根，以及腐爛的根部。

4 分株

將莖葉和根部均勻地分成3~4株，分株時盡可能地不要傷到根部，而最佳的分株時節為4~5月以及9~10月。

5 培養土

以赤玉土（小顆粒）7、蛭石3的混拌土為培養土，底部則鋪上大量排水良好的中顆粒赤玉土。

6 移植

由於百里香的根部生長快速，剛開始要種在4~5號的花盆裡，將根部擴展之後，置於花盆中央，由於百里香討厭過濕土質，所以要種得稍高些。

7 分株後的管理

充分澆水，置於半日陰涼處2~3天，之後再移至陽光充足的地方即可。

8 收割

在花朵綻放前，連枝一起割取，並加以陰乾保存，僅使用葉片時可當作料理香料使用。

百里香的品種　環境適應力強的百里香，約有100種品種。葡萄百里香＝草高5～10cm，花色有白花和粉紅花。檸檬百里香＝草高5～6cm的小型種，綻放粉紅色花朵。金黃檸檬百里香＝草高5～10cm，葉子有黃斑，薰衣草百里香＝顧名思義，有著薰衣草的香味。

可分株的香草植物 **野草莓**

薔薇科　多年生草本植物。果實比一般食用草莓來得小，但味道上卻比食用草莓來得芳香，可生食，葉片可當作香草植物來使用。

野草莓的分株時節

1	2	3	4	5	6	7	8	9	10	11	12

▬ 花期　▬ 分株　▬ 移植（盆）

1 從盆中拔出

野草莓的匍匐莖會延伸得很廣，基本上，一手從由上按住葉株，一手捧住盆底往下傾倒，整個拔出。

2 疏開雜亂的根部

用夾子邊疏開糾結的根部，邊清除土塊，還有善加利用夾子尖端，作業較容易進行。

3 整理根部

剪掉無法吸收到養分老根，以及成腐爛的根部。

4 分株

用剪刀從母株上剪取莖葉與根部部分，最佳分株的時節為每年的3~4月以及9~10月。

5 培養土

以赤玉土（小顆粒）7、腐葉土3的混拌土為培養土，底部則鋪上排水良好的中顆粒赤玉土。

6 植栽

最好種植在5號以上的花盆中，將葉株置於中央，根部向外擴張來植栽，野草莓的根部非常纖細脆弱，所以要特別地小心。

7 分株後的管理

充分澆水後，置於半日陰處2~3天，而後移至陽光充足的地方即可。

8 葉片收割

基本上，葉片一整年都可進行收割，而如果發現枯葉就要儘早摘除，另要摘取色澤鮮嫩的葉片來加以利用。

輕鬆培育法　在日照強烈的環境下，會開很多花，結很多的果。不過因抗旱性差，當濕度不足時，葉片就會下垂變弱，所以當盆栽培養土變乾前要充分澆水，花期為3~6月和9~10月，除了炎炎夏日以及寒冬之外，都會陸陸續續開出可愛的小白花，當草莓成熟時便可摘取，用清水沖洗乾淨即可食用，無法乾燥保存。

可分株的香草植物
麝香薄荷

唇形科　多年生草本植物。花朵帶有甜甜的香味，其花色為鮮紅色和粉紅色。草高50cm～1m，因體型較為大株所以庭院種栽比盆栽更適合。

麝香薄荷的分株時節

1	2	3	4	5	6	7	8	9	10	11	12

■ 花期　　■ 分株　　■ 移植（盆）

1 從盆中拔出

要連土整個拔出，如果是是庭園植栽時，在挖出時要注意不要傷了根部。

2 疏開雜亂的根部

因地下莖是橫向生長延伸的，所以要一邊小心地去除土塊，一邊疏開糾結的根部。

3 分株

要確實地確認根部的生長狀態，將受傷的部分用剪刀剪掉，而最佳分株的時節為4~5月、9~10月。

4 培養土

在赤玉土（小顆粒）6、腐葉土4的混拌土中，加入當作基肥的遲效性肥料，而底部則鋪上排水良好的中顆粒赤玉土。

5 植栽

適合植栽於7號以上的大盆，將葉株置於中央，根部向外擴張來植栽。

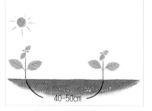

6 庭院植栽

選擇日照通風良好的地方，埋入堆肥和基肥，每株間隔40~50cm來種植。

7 分株後的管理

分株後，充分澆水分，置於半日陰處一直到確定存活後，移至日照充足的地方，庭院植栽時亦以此為基準。

8 收割

葉子除了冬季以外都可進行收割，如果要乾燥保存的話，就必須在開花前，連枝葉一起剪取，置於陰涼處風乾。

輕鬆栽培法

麝香薄荷雖為繁殖性強的香草植物，但因易滋生霉病，所以要常常加以修剪，讓葉株間通風良好，如此就可預防霉病了，此外麝香薄荷生長快速，開花期為初夏～秋天，花期很長，所以肥料容易不足，生長期間要施以1000倍的液肥，冬季遇霜時地上部分會枯萎，不當當春天來臨時，就會再度長出新芽。

可分株的香草植物 細香蔥

風露草科 非抗寒性多年草。原產地為南非，莖為多肉質矮灌木，草高20～50㎝。葉色和花色變種很多，一般被當作觀葉植物或盆花。

細香蔥的分株時節

	1	2	3	4	5	6	7	8	9	10	11	12

■ 生長期　■ 插枝　■ 移植（盆）

1 從盆中拔出

由於細香蔥的地上部分非常脆弱，所以要小心地連土整個拔出，如果為庭院植栽者就用鐵鍬挖出。

2 去除一半的土塊

細香蔥不僅脆弱，而且會互相糾纏，只要大略的清除土塊就可以了，不需要太去清除附著在根部上的土塊。

3 分株

邊用手揉散土塊，邊分成6小株。

4 培養土

以赤玉土（小顆粒）7、腐葉土4的混拌土為培養土，底部則鋪上排水良好的中顆粒赤玉土。

5 植栽

若使用5號盆時，則以種植3株為基準，並根據花盆大小來增減植栽數量。

6 庭院植栽

由於細香蔥特別討厭酸性土，所以在植入的2個禮拜前，要撒上大量的苦土石灰，並深耕30㎝。

7 分株後的管理

充分澆水分，置於半日陰處，細香蔥抗熱性較弱，夏季要移至涼爽的地方。

20cm以上

從底部往上2-3cm處

8 收割

當細香蔥長至20㎝以上時就可收成了。收割時要於底部往上2~3㎝處割取，一年可收成3次。

輕鬆栽培法　葉尖會綻放出粉紅色的小圓花，亦可當作食用花食用，雖然細香蔥的繁殖力很強，但卻會因夏天的暑熱，以及土質的酸性而變得虛弱，因此若為庭院栽培時，要選擇半日陰涼爽的地方，且在植入的半個月前，撒上苦土石灰並進行耕地，冬天時地上部分會枯萎，不過當春季來臨時就會長出新芽。

可分株的香草植物 茴香

繖形花科　多年生草本植物。一般的甜茴香會於5～6月，在莖尖會綻放許多的小黃花，此外茴香因可去除魚腥味，所以有"魚之香草"的美名。

茴香的分株時節

1	2	3	4	5	6	7	8	9	10	11	12

■ 生長期　■ 分株　■ 移植（盆）

1 從盆中拔出

選擇草齡3~4年的大株茴香，小心翼翼地從土中挖出，分株的最佳時節為4月、9月。

2 疏開雜亂的根部

利用免洗筷子去除一半的土塊，並小心疏開糾結的根部。

3 整理根部

用剪刀剪除無法吸收養分的老根和腐爛的根部，還有如果根部太長時，也要加以修剪。

4 分株

邊注意不傷害到根部，邊用剪刀將地上部分和根部，均勻地分成2~3株。

5 培養土

以赤玉土(小顆粒)6、腐葉土4的混拌土為培養土，底部鋪上排水良好的中顆粒赤玉土。

6 植栽

先倒入1/3的培養土，而後將葉株置於 其上，根部則往外擴展，然後再將剩餘的培養土填入。

7 分株後的管理

充分澆水，並置於半日陰處1個禮拜，若是盆栽，要注意土壤不可變乾。

8 施肥

每年的4、9月，葉株的四周要填入堆肥或腐葉土，若是盆栽，則更換新土，春天時就能收穫枝葉。

輕鬆栽培法　枝葉粗壯的南歐茴香和紅銅色的青銅茴香，其栽培法大致相同，由於茴香會長至1m以上的高度而根部也會長得很長，所以栽種時要使用10號以上的花盆，而若為庭園植栽時，每株的間隔要在50㎝以上，雖為多年生草本植物，但冬天時地上部分會枯萎，這時只要從靠近根部的地方加以修剪，就能度過冬天。

香鶴芋

天南星科　常綠多年生草本植物。原產於熱帶美洲，品種約有30種，有草高可達1～2m的大型種，也有草高在30cm以下的小型種，會綻放出雪白的佛焰苞花。

香鶴芋的分株時節

| 1 | 2 | 3 | 4 | 5 | 6 | 7 | 8 | 9 | 10 | 11 | 12 |

■ 生長期　■ 分株　■ 移植（盆）

1 從盆中拔出

一手抓住葉株，一手傾倒花盆，將香鶴芋連土整個拔出。

2 疏開雜亂的根部

由於白鶴芋的根部長得很快，會繞住整個花盆，所以要一邊疏開糾結得根部，一邊去除土塊。

3 整理根部

用剪刀剪去除無法吸收養分的老根和腐爛的根部，且如果根部過長時，也要加以修剪。

4 分株

邊注意不要傷害根部，邊用手分成2~3株，另外要注意如果分得太小株，生長情形就會變差，5~6月為最佳分株時節。

1 培養土

以赤玉土(小顆粒)5、腐葉土4、珍珠岩1的混拌土為培養土，底部則鋪上排水良好的中顆粒赤玉土。

2 植栽

先倒入1/3的培養土，再將葉株置於其上，根部則往外擴展，而後再將剩餘的培養土填滿花盆中。

3 分株後的管理

充分澆水，置於半日陰處直到確認葉株已經存活，再移至明亮的半日陰處，另外要避免陽光直射。

4 肥料

生長期間要放置遲效性肥料，且每兩個月添加一次，一次添加2顆，還有肥料過量會導致根部腐爛，所以要特別注意。

水耕園藝　此為連培養土也能觀賞到的方法。在香鶴芋從花盆拔出後放入水中，培養土便會全部掉落，而根部就會變得很乾淨，接著一手扶住葉株置於植栽位置，另一手則從旁邊放入水耕球，直到填滿整個容器為止，剛開始時必須充分澆水，而3～5天之後就要減少給水量，並將水位控制在該植物的適當高度即可。

鐵線蕨

蕨科　小葉羊齒類，淡綠色的小葉非常纖細，夏天時給人綠蔭清涼的感覺，葉柄細而優美呈放射狀生長，室內擺上一盆鐵線蕨，立刻能點綴出讓心情穩定的夏日清涼感。

鐵線蕨的分株時節

1	2	3	4	5	6	7	8	9	10	11	12

生長期　　分株　　移植（盆）

1 從盆中拔出

一手握住整個葉株近根部處，一手將盆子傾倒，連土整個拔出，如果很難拔出時，可輕敲盆底。

2 疏開雜亂的根部

鐵線蕨的根部會環繞整個花盆生長，所以要邊疏開根部，邊用小竹筷等清除1/3的土塊。

3 根部的處理

用剪刀剪去無法吸收到養分的老根以及腐爛的根部，如果根部太長時，則修剪至適當的長度。

4 分株

以不傷害根部為原則，邊用手分成兩半，注意如果分得過小株時，生長情況就會變差。

5 培養土

以赤玉土(小顆粒)3、腐葉土3、珍珠岩2、蛭石2的混拌土做出鬆鬆的培養土。

6 植栽

先倒入約1/3培養土，再將葉株植入花盆中央，根部要往外擴展，然後再從花盆四周填入剩餘的培養土，葉株要植得高一點。

7 分株後的管理

充分澆水分，置於半日陰處，蕨類的耐陰性強，而如果放在強光照射的地方，葉片馬上就會出現損傷。

輕鬆培育法　生長適溫為20～25℃，空氣一乾燥葉片就會捲曲皺縮。所以要特別注意冷暖氣房的風，還有其也很怕日光，如果一年到頭都置於室內時，即使是冬天，也以越過穿過蕾絲窗簾的光線為宜，還有冬天溫度必須保持在8～10℃，10月份開始就要特別控制澆水量，因其對空中溼度要求甚高，所以要常常補充葉片水分。

文竹

百合科　常綠多年生草本植物，食用用途的的品種為溫帶品種，而以觀賞用途為主的品種，其大多原產於南非，我們所看見的葉片為由樹枝變化而成的葉狀莖。

文竹的分株時節

1	2	3	4	5	6	7	8	9	10	11	12

■ 生長期　■ 分株　■ 移植（盆）

1 從盆中拔出

一手握住葉株靠近根部的地方，一手傾斜花盆，連土整個拔出，如果很難拔出時請輕敲盆底。

2 疏開雜亂的根部

文竹的根部會環繞整個花盆生長，所以要邊疏開根部，邊用小竹筷等清除1/3的土塊。

3 整理根部

用剪刀剪除無法吸收養分的老根和腐爛的根部，還有如果根部太長時，也要加以修剪。

4 分株

以不傷害根部為原則，用銳利的剪刀以2~4根枝葉為1株，4~5月為最佳分株時期。

5 培養土

以赤玉土（小顆粒）5、腐葉土3、泥炭土2的混拌土為培養土，盆底則鋪上排水良好的中顆粒赤玉土。

6 植栽

先倒入約1/3的培養土，再將葉株植入花盆中央，調整根部往外擴展，而後從花盆四周填入培養土。

7 分株後的管理

分株枝之後充分澆水分，並置於半日陰處，文竹置於強烈陽光直射的地方，葉子會燒傷要注意。

品種與繁殖方法　　文竹類依品種不同其所適合的繁殖法也不同。適合分株繁殖的品種有、武竹、松葉武竹、狐尾武竹等，播種繁殖者有蔓性文竹等，武竹的抗寒性強，喜乾燥，只要在5℃以上的氣候下，就可過冬，但唯有松葉武竹抗寒性較差，必須保持在10℃以上的溫度。

可分株的觀葉植物 火鶴花

天南星科 常綠多年生草本植物，其花朵一般稱之為佛焰苞，除了紅色之外，還有白、桃紅等顏色，花瓣形狀和光澤，酷似上蠟的人造花，另外還有觀葉品種。

火鶴花的分株時節

1	2	3	4	5	6	7	8	9	10	11	12

生長期　分株　移植（盆）

1 從盆中拔出

一手握住葉株靠近根部處，一手傾倒花盆，連土整個取出。

2 疏開雜亂的根部

邊疏開根部，邊將土塊清除乾淨，不妨將根部泡入水中，輕輕地搖晃，就能將根部的土塊清除乾淨。

3 整理根部

不論是老根或老葉，都不適合用來繁殖，所以這時要剪取嫩芽部分，而剪取用的剪刀必須進行消毒。

4 分株

將4~5片嫩葉分成1株，由於根部容易折損，所以分株時要特別小心，且分株時要避免乾燥。

5 培養土

若為嫩枝用時，只需使用水苔即可，而一般成熟的分株，則以泥炭土4、蛭石3、珍珠岩3的混拌土為培養土。

6 植栽

根與根之間塞入水苔，好像要包裹住一般，進而再配合花盆塞入水苔即可。

7 分株後的管理

以水苔植栽時，因水苔本身就已經是濕的，所以植栽後不要馬上澆水，置於半日陰處即可。

8 施肥

分株後的1~1.5年，不會開花，生長期間，每月1次放入2~3顆遲效性固體肥料即可。

輕鬆培育法　生長適溫為20～30℃，耐寒性差，冬天溫度必須保持在15℃以上，討厭強光，所以夏天必須移至戶外的半日陰處，冬季須移至室內，因冬天進入花芽形成期，所以要放置在窗邊，且光線以穿透蕾絲窗簾的強度為宜，生長期間，如果發現土面乾燥時，就必須馬上澆水，因其地上部分性喜多濕，所以葉片部分要多澆幾次水。

44

蜀椒葉薔薇

薔薇科 落葉灌木,為日本海岸砂地野生玫瑰的一種,每年6～7月的初夏季節,會綻放直徑8～10㎝的五瓣紅花,樹枝上密生了許多的刺。

蜀椒葉薔薇的分株時節

1	2	3	4	5	6	7	8	9	10	11	12

■ 花期　　■ 分株　　■ 移植(盆)

1 從盆中拔出

落葉時期葉片會全部掉光,因枝葉上有密密麻麻的尖刺,拔出時要小心,而且要連土一起拔出。

2 疏開雜亂的根部

邊小心地疏開蜀椒葉薔薇互相糾結的根部,邊清除老舊土塊。

3 分株

確定枝幹以及根部的狀態後,切取連著有許多根部的枝幹,12~2月為最佳分株時期。

4 培養土

雖然野生地為砂地,不過其卻能適應每一種土質。以赤玉土(小顆粒)7、腐葉土3的混拌土為培養土,底部鋪上排水良好的中顆粒赤玉土。

5 植栽

由於此時的根部,無法穩固地立在花盆裡,所以在填入培養土後,要輕壓樹枝四周的土面,如此就會穩固不易傾倒。

6 植栽後的管理

充分澆水,置於半日陰處,當確定存活時,再移至陽光充足地方即可。

7 庭院植栽(1)分株篇

僅掘出分株部分的根,並將長有許多根部的枝幹,從母株切離分成一株。

8 庭院植栽(2)植栽篇

因蜀椒葉薔薇性喜日照強烈的土壤,所以植栽時,洞要挖大一點,以便填入當作基肥的堆肥和腐葉土,並且要栽得高一點。

輕鬆栽培法

蜀椒葉薔薇有一定的自然樹形並不會長得非常高大,所以不需要刻意地去修剪樹枝。但是,如果枝葉過密,造成內部通風和日照變差時,就會引發病蟲害,所以在落葉時期要修剪細枝和纏繞的樹枝,另外老枝也會影響開花,所以也要加以剪除。

可分株 的花木	# 草珊瑚

草珊瑚科　常綠闊葉灌木。莖尖會聚集許多成熟的果實，非常地漂亮，一般會在過年時裝飾在床頭，是很受歡迎的植物，所以歲末時產地會大量生產。

草珊瑚的分株時節

1	2	3	4	5	6	7	8	9	10	11	12

■ 花期　　■ 分株　　■ 移植（盆）

1 從盆中拔出

一手握住葉株的根部附近，一手傾倒花盆，連土整個拔出，因根部很粗所以要小心處理。

2 整理根部

草珊瑚的根部很粗，所以不容易附著土塊，能輕易地就去除土塊，另外還要剪去老根和受傷的根部。

3 分株

枝幹和根部要均勻地加以分株，以2~3根枝幹為1株，再用利刀來進行切分，4月中~下旬、9月為最佳分株時期。

4 培養土

以赤玉土（小顆粒）6、腐葉土4的混拌土為培養土，底部鋪上中顆粒赤玉土，只要能夠確保土中的溼度，任何土質皆適用。

5 植栽

先倒入約1/3的培養土，再將葉株的根部分散開來置於培養土上，最後再於四周填入剩下的培養土。

6 植栽後的管理

充分澆水並置於半日陰處，因草珊瑚喜好半日陰的樹木，所以要避免置於日照強烈的地方。

7 庭院植栽(1)分株篇

草珊瑚一般皆為庭園植栽的樹木，分株時要整株掘起，整理根部後，再將2~3根樹枝分株成1株。

8 庭院植栽(2)植栽篇

在挖好的植栽洞中，填入大量的堆肥和腐葉土之後，如此才能確保土中溼度來進行植栽。

從庭院植栽 改為盆栽	草珊瑚一般都是庭院植栽，不過也常被用來當作切花，另外若做成盆栽也頗具觀賞價值，同時其也可進行播種繁殖，不過要種到可開花結果，約需4~5年的時間，而若採分株繁殖的，則在隔年就能欣賞到結果的美姿了。還有各位也可將長成大株的庭木，分成小株種植在花盆中。

南天竹

南天竹的分株時節

1	2	3	4	5	6	7	8	9	10	11	12

▬ 果期　　▬ 分株　　▬ 移植（盆）

黃檗科　常綠闊葉灌木。原產於日本，雖為暖地性但抗寒性強，現在北海道南部也有栽種。冬天會結紅紅的果實。

1 從盆中拔出

一手握住葉株靠近根部的地方，一手傾倒花盆，連土整個拔出，盆栽種很多都是珍貴的品種，所以作業時要特別地小心。

2 整理根部

為了不傷害根部，要小心地將根部疏開，同時還要剪去老根和受損的根部。

3 分株

枝幹和根部要均勻地加以分株，並以枝幹3根以上為1株，用利刀加以切分，此外4月為最佳的分株時節。

4 培養土的調配比例

用具有排水功能用途的粗顆粒的赤玉土作為基土，以赤玉土（小顆粒）6、腐葉土2、珍珠岩2的比例來調配具黏性的培養。

5 植栽

先倒入約1/3的培養土，再將根部擴展開來置於其上，而後再於四周填入填入剩下的培養土。

6 植栽後的管理

充分澆水，置於半日陰處，討厭西曬、夏日陽光直射以及乾燥，所以要特別注意加以避免。

7 庭院植栽(1)分株篇

一般皆為庭園植栽的樹木，不過珍貴品種大多採盆栽方式，若為庭院植栽者，分株時僅挖出分株部分即可。

8 庭院植栽(2)植栽篇

因為討厭乾燥，所以要種植在排水良好，早上陽光照射得到的地方，還有要避免種植在雨會下的很大的地方，另外還需要填入堆肥等。

盆栽的品種　除了樹枝和葉子都很細的金絲南天竹，以及冬天會有美麗紅葉和紅果的品種之外，樹高30～45cm的矮性品種皆可育成小形樹，故也都適合盆栽栽植。一般品種會在梅雨季節進行剪枝，以促其分枝，如此便能培育出外形整齊漂亮的樹形來，另當樹枝根數增加過多時，可從根部處切分，進行疏苗，2年必須換盆1次。

棣堂花

薔薇科　落葉闊葉灌木。每年的4~5月，樹枝枝梢會綻放花莖3~5cm的黃色5瓣花，而當花枝隨風搖曳時真可說是風情萬種，一般很少盆栽，大都以庭院植栽為主。

棣堂花的分株時節

1	2	3	4	5	6	7	8	9	10	11	12

▬ 花期　　▬ 分株　　▬ 移植

1 掘起枝幹

棣堂花的地下莖會往四周延伸，所以都位於地層較淺的地方，故只要稍微地挖掘，根部馬上就會露出土面，還有只掘起分株的部分。

2 疏開雜亂的根部

棣堂花的地下莖密集了許多的細根，要邊清除根梢的泥土，邊疏開根部。

3 分株

確定枝幹與根部狀態，再以3~4根枝幹為1株，並以利刀來進行切分。此外3月為最佳分株時節。

4 培養土

雖然其為性喜肥沃濕地的半陰樹，但如果土質良好時，日照強烈的地方也可進行栽植，另外要埋入大量的堆肥和腐葉土。

5 植栽

首先挖一個大大的植栽洞，埋入約一半的培養土，再將根部分散開來置於其上，來進行植栽。

6 分株後的管理

充分澆水，置於日照充足的地方，並進行4~5天的半日陰遮光。

7 樹枝更新

當樹枝一變成老枝，樹枝就會變硬，讓棣堂花特有的風情減半，所以當花期結束後，要馬上將全株的樹枝剪至30cm左右。

8 越冬準備工作

嫩枝的枝梢會因冬天寒冷而變枯，所以要剪掉約1/3，還有修剪部位，要在結節處或樹枝分枝處的上部。

品種·土中溼度

棣堂花的品種有會綻放出多瓣花朵的多瓣棣堂、以及花朵宛如小菊花的菊棣堂、和會開出白花的白花棣堂等。因討厭乾燥，所以每年的2月，要在根部四周掘溝埋入堆肥和腐葉土，以保持土中溼度，如此才能培育粗新枝粗壯，開花期多花的棣堂來。